来发现吧，来思考吧，来动手实践吧
一套实用性体验型亲子共读书

10

365数学

趣味大百科

日本数学教育学会研究部 著
日本《儿童的科学》编辑部 著
卓 扬 译

九州出版社
JIUZHOUPRESS

图书在版编目（CIP）数据

365 数学趣味大百科 . 10 / 日本数学教育学会研究部，
日本《儿童的科学》编辑部著 ; 卓扬译 . -- 北京 : 九
州出版社，2019. 11（2020. 5 重印）
ISBN 978-7-5108-8420-7

Ⅰ . ① 3… Ⅱ . ①日… ②日… ③卓… Ⅲ . ①数学—
儿童读物 Ⅳ . ① 01-49

中国版本图书馆 CIP 数据核字（2019）第 247712 号

著作权登记合同号 : 图字 : 01-2019-7161
SANSU-ZUKI NA KO NI SODATSU TANOSHII OHANASHI 365
by Nihon Sugaku Kyoiku Gakkai Kenkyubu, edited by Kodomo no Kagaku
Copyright © Japan Society of Mathematical Education 2016
All rights reserved.
Original Japanese edition published by Seibundo Shinkosha Publishing Co., Ltd.

This Simplified Chinese language edition published by arrangement with
Seibundo Shinkosha Publishing Co., Ltd., Tokyo in care of Tuttle-Mori Agency, Inc.,
Tokyo through Beijing Kareka Consultation Center, Beijing
Simplified Chinese Translation Copyright © 2019 by Beijing Double Spiral Culture & Exchange Company Ltd

来自 读者 的反馈

（日本亚马逊 买家 评论）

---

id: Ryochan

　　关于趣味数学的书有很多，像这种收录成一套大百科的确实不多。书里介绍了许多数学的不可思议的方法和趣人趣闻。连平时只爱看漫画类书的孩子，不用催促，也自顾自地看起了这本书。作为我个人来说，向大家推荐这套书。

id: 清六

　　这是我和孩子的睡前读物。书里的内容看起来比较轻松，也相对浅显易懂。

id: pomi

　　一开始我是在一家博物馆的商店看到这套书的，随便翻翻感觉不错，所以就来亚马逊下单了。因为孩子年纪还小，所以我准备读给他听。

id: 公爵

　　孩子挺喜欢这套书的，爱读了才会有兴趣。

匿名 ─────────────────────────────

　　这是一套除了小孩也适合大人阅读的书，不少知识点还真不知道呢。非常适合亲子阅读。

 匿名 ─────────────────────────────

　　给侄子和侄女买了这套书。小学生和初中生，爸爸和妈妈，大家都可以看一看。

 id: GODFREE ──────────────────────

　　从简单的数字开始认识数学，用新的角度发现事物的其他模样，这套书让孩子尝试全新的探索方式。数学给我们带来的思维启发，对于今后的成长也大有裨益。

 id: Francois ────────────────────

　　我是买给三年级的孩子的。如何让这个年纪的孩子对数学感兴趣，还挺叫人发愁的。其实不只是孩子，我们家都是更擅长文科，还真是苦恼呢。在亲子共读的时候，我发现这套书的用语和概念都比较浅显有趣，让人有兴致认真读下来。

 id: NATSUT ───────────────────────

　　我是小学高年级的班主任。为了让大家对数学更感兴趣，我为班级的图书馆购置了这套书。这套书是全彩的，有许多插画，很适合孩子阅读。

目 录

 图标介绍

 计算中的数学

 测量中的数学

 图形中的数学

 规律中的数学

 历史中的数学

 生活中的数学

 数学名人小故事

 游戏中的数学

 体验中的数字

目 录

本书使用指南

图标类型

本书基于小学数学教科书中"数与代数""统计与概率""图形与几何""综合与实践"等内容，积极引入生活中的数学话题，以及"动手做""动手玩"的内容。本书一共出现了 9 种图标。

计算中的数学
内容涉及数的认识和表达、运算的方法与规律。对应小学数学知识点"数与代数"：数的认识、数的运算、式与方程等。

测量中的数学
内容涉及常用的计量单位及进率、单名数与复名数互化。对应小学数学知识点"数与代数"；常见的量等。

规律中的数学
内容涉及数据的收集和整理，对事物的变化规律进行判断。对应小学数学知识点"统计与概率"：统计、随机现象发生的可能性；"数与代数"：数的运算等。

图形中的数学
内容涉及平面图形和立体图形的观察与认识。对应小学数学知识点"图形与几何"：平面图形和立体图形的认识、图形的运动、图形与位置。

历史中的数学
数和运算并不是凭空出现的。回溯它们的过去，有助于我们看到数学的进步，也更加了解数学。

生活中的数学
数学并不是禁锢在课本里的东西。我们可以在每一天的日常生活中，与数学相遇、对话和思考。

数学名人小故事
在数学历史上，出现了许多影响世界的数学家。与他们相遇，你可以知道数学在工作和研究中的巨大作用。

游戏中的数学
通过数学魔法和益智游戏，发掘数和图形的趣味。在这部分，我们可能要一边拿着纸、铅笔、扑克和计算器，一边进行阅读。

体验中的数学
通过动手，体验数和图形的趣味。在这部分，需要准备纸、剪刀、胶水、胶带等工具。

作者
各位作者都是活跃于一线教学的教育工作者。他们与孩子接触密切，能以一线教师的视角进行撰写。

日期
从 1 月 1 日到 12 月 31 日，每天一个数学小故事。希望在本书的陪伴下，大家每天多爱数学一点点。

阅读日期
可以记录下孩子独立阅读或亲子共读的日期。此外，为了满足重复阅读或多人阅读的需求，设置有 3 个记录位置。

迷你便签
补充或介绍一些与本日内容相关的小知识。

引导"亲子体验"的栏目
本书的体验型特点在这一部分展现得淋漓尽致。通过"做一做""查一查""记一记"等方式，与家人、朋友共享数学的乐趣吧！

计算中的数学

算吧！答案绝对是 1089

10月 01 日

东京学艺大学附属小学
高桥丈夫 老师撰写

阅读日期 　月　日　　月　日　　月　日

神奇的三位数计算

今天我们将来演示一番神奇的三位数计算——答案都是 1089 哦。

①首先，请想出一个三位数，它的百位数和个位数不同。

假设，我们选择了 123 这个数。

②然后，将这个三位数的百位数和个位数进行位置转换，再让大的数减去小的数。

123 经过百位数和个位数的位置转换，得到 321。之后再进行 321 - 123 的计算，即 321 - 123 = 198。

③最后，将差的百位数和个位数进行位置转换，再将两数相加。

198 经过百位数和个位数的位置转换，得到 891。之后再进行 891 + 198 的计算，即 891 + 198 = 1089。

如果步骤②的差是两位数，那么视百位数为 0。

试一试其他的数字

假设，我们选择了 132 这个数。经过步骤②的计算，可得 231 - 132 = 99。视 99 的百位数是 0，可看作 099。经过步骤③的计算，可得 099 + 990 = 1089。只有算一算才能体验到的神奇，快和朋友

用各种数字来试一试吧。

答案绝对是 1089！

四位数也有神奇的计算哦，将四位数的千位数和个位数进行位置转换，再……这样的话，答案绝对是 10989。

小骰子大神奇

御茶水女子大学附属小学
久下谷明老师撰写

阅读日期　　月　日　　月　日　　月　日

奇妙的骰子点数

图1

双六，是一种棋盘游戏，以掷骰子的点数决定棋子的移动。骰子的点数，也决定着游戏的胜负。今天，我们就来讲一讲小骰子里的大神奇。

如图1所示，骰子是一个正六面体（正方体），6个面上分别有数字"1""2""3""4""5""6"。

这6个点数的位置，其实大有讲究。"1"的对面是"6"，"2"的对面是"5"，"3"的对面是"4"。也就是说，两个相对面的点数相加，和都是7。

看不见的点数和

如图2所示，有3颗骰子重叠在一起。其中，骰子与地面接触的面、骰子之间的接触面，都是看不见的。那么，这些看不见的点数的和是多少呢？

还记得这个规律吗？"两个相对面的点数相加，和都是7。"如图3所示，利用这个性质，就能简单把和求出来。答案是16。假设，让

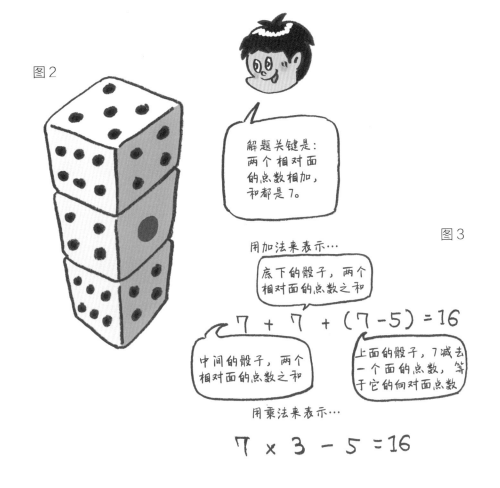

图2

图3

解题关键是：两个相对面的点数相加，和都是7。

用加法来表示…

底下的骰子，两个相对面的点数之和

中间的骰子，两个相对面的点数之和

上面的骰子，7减去一个面的点数，等于它的向对面点数

$$7 + 7 + (7 - 5) = 16$$

用乘法来表示…

$$7 × 3 - 5 = 16$$

第 4 颗、5 颗骰子继续叠罗汉，解法也是同样。用骰子问题，考验一下家人或小伙伴吧。

迷你便签

除了我们熟悉的写有 1-6 的正六面体骰子，还有正四面体、正八面体、正十二面体、正二十面体等各种各样的骰子（详见 2 月科学照相馆）。此外，居然还有写着 0-9 的十面体骰子。

无止境的四边形

学习院小学部
大泽隆之老师撰写

阅读日期　月　日　月　日　月　日

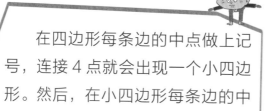

在四边形每条边的中点做上记号，连接 4 点就会出现一个小四边形。然后，在小四边形每条边的中点也做上记号，连接 4 点又出现了一个小小四边形。重复以上的操作，你猜会出现怎样的图形？

● 长方形

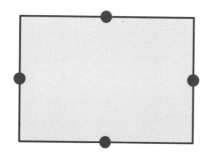

我们先来试一试长方形。连接长方形每条边的中点……

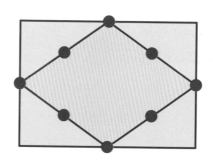

出现了菱形。接着，连接菱形每条边的中点……

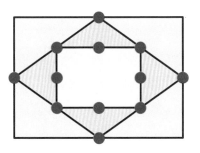 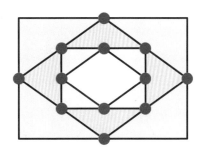

这次出现的是长方形。然后，连接小长方
形每条边的中点……

又见面了，菱形。

● 正方形

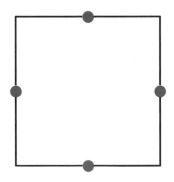 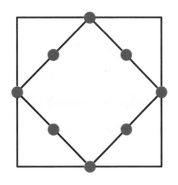

我们再来试一试正方形。连接正方
形每条边的中点……

出现了正方形。接着，连接小正方
形每条边的中点……

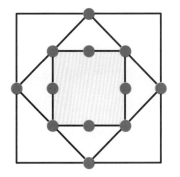 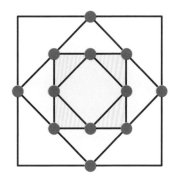

这次出现的还是正方形。然后，连接小小
正方形每条边的中点……

又是你哦，正方形。

● 平行四边形

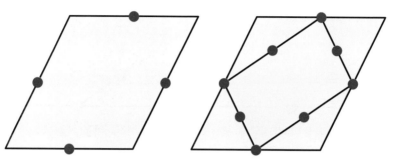

然后来试一试平行四边形。连接平行四边形每条边的中点……

出现了平行四边形。接着,连接小平行四边形每条边的中点……

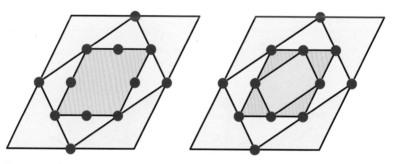

这次出现的还是平行四边形。然后,连接小小平行四边形每条边的中点……

还是你哦,平行四边形。

● 梯形

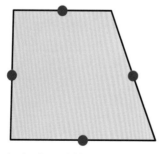 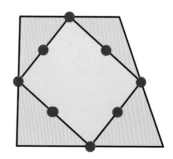

现在来试一试梯形。连接梯形每条边的中点……

出现了平行四边形。接着,连接平行四边形每条边的中点……

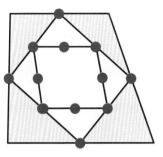 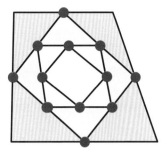

这次出现的还是平行四边形。然后，连接小平行四边形每条边的中点……

又见面了，平行四边形。

● 三角形

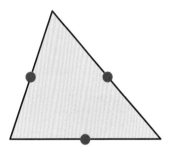

最后我们试一试三角形。连接三角形每条边的中点……

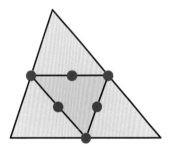

出现了三角形。接着，连接小三角形每条边的中点……

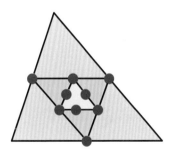

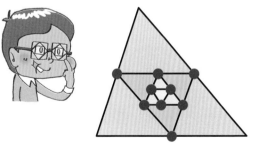

这次出现的还是三角形。然后，连接小小三角形每条边的中点……

又是你哦，三角形。

迷你便签

连接任意四边形每条边的中点，都会出现平行四边形。长方形、正方形、菱形都是特殊的平行四边形。连接任意三角形每条边的中点，出现的都是三角形。

玩一玩回文游戏

计算中的数学

筑波大学附属小学
盛山隆雄 老师撰写

阅读日期   月   日   月   日   月   日

回文是什么？

"报纸（shinbunshi）"这个词，从左往右读是"しんぶんし（shinbunshi）"，从右往左读还是"しんぶんし（shinbunshi）"。像这样正读反读都能读通的词语或句子，就叫作"回文"。它是古今中外都有的一种修辞方式和文字游戏。

而在数学中，也有一类数字有着这样的特征。比如 121 这个数，不管是从个位数念到百位数，还是从百位数念到个位数，都是相同的。我们就称之为"回文数"。

玩一玩回文数

比如，将 91 加上它的颠倒数字 19，91 + 19 = 110。然后，将 110 加上它的颠倒数字 11，110 + 11 = 121。经过 2 次颠倒后，回文数居然就出现了。

再来试一试 92。将 92 加上它的颠倒数字 29，92 + 29 = 121。哎呀，这次只经过 1 次颠倒，就出现了回文数哦。

试一试

用 91-99 进行回文挑战

使用 91-99 进行回文数的挑战吧。就在刚才，我们已经用 91 和 92 进行了回文数游戏，所以现在就从 93 开始吧。在出现回文数之前，我们需要不断进行数字的颠倒和相加。比如 97 这个数，就要经过 6 次颠倒才会出现回文数。这里要提醒大家，一定要认真对待 98 这个数。因为它经过 20 次以上的颠倒，才会出现回文数，有点可怕哦。

迷你便签　98 经过 24 次颠倒，得到了回文数 8813200023188。

哪个橘子是第二重的呢

御茶水女子大学附属小学
冈田纮子老师撰写

阅读日期 月 日 月 日 月 日

找到第二重的橘子！

图1

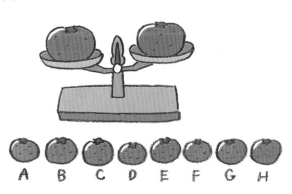

图2

如图1所示，有8个橘子，重量都不相等。如何找出最重的橘子呢？把橘子2个2个地放在天平上，我们就可以找出最重的橘子。

比如，把A橘子和B橘子放在天平上，发现A橘子比较重。然后再比一比C橘子和D橘子。

如图2所示，就像是一场淘汰赛，最后争夺冠军的是A橘子和G橘子。最后，获得最重称号的是G橘子。那么，问题来了，第二重的橘子是哪一个？

有的小伙伴可能会说了，获得亚军的A橘子难道不就是第二重的橘子吗？

其实，并不一定哦。当然，也可以让 A、B、C、D、E、F、H 这 7 个橘子再站上天平，开展淘汰赛。这样的话，需要再进行 6 次称量。

那么，称量的次数可以再精简一点吗？

答案不一定是 A 橘子？

与最重的 G 橘子较量过的橘子，一定存在着第二重的橘子。和 G 橘子比拼过的有，H 橘子、E 橘子和 A 橘子。在这 3 个橘子里面，肯定有第二重的橘子。因为，B 橘子、C 橘子比 A 橘子轻，F 橘子比 E 橘子轻，所以可以直接排除掉。

现在，我们要让 H 橘子、E 橘子、A 橘子站上天平，经过 2 次称量，就可以比出第二重的橘子。如图 3 所示，就算 A 橘子是第一次淘汰赛的亚军，它的重量有可能也是比 H 橘子轻的。亚军不一定是第二重，这事有点儿意思。

图 3

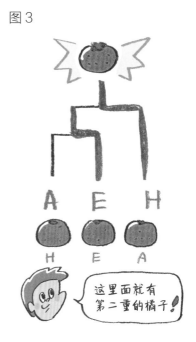

这里面就有第二重的橘子！

迷你便签

那么，最轻的橘子是哪一个？比一比在淘汰赛第一场中输掉的 B 橘子、D 橘子、F 橘子、H 橘子就可以了，一共需要称量 3 次。

魔方阵里的神秘力量

青森县三户町立三户小学
种市芳丈老师撰写

阅读日期　　月　日　　月　日　　月　日

古代用于占卜和祈福

魔方阵，古称"纵横图"，亦作"幻方"。在 3×3、4×4 等正方形中，填入从 1 开始的不同整数，使每行、每列、每个对角线上的几个数之和都相等。在数学课本中，我们可能见过。

在古代，人们认为魔方阵中蕴藏着神秘的力量，所以它常用来进行占卜和祈福。

据说，最早的魔方阵出现在距今 4500 年前的中国。相传大禹治水时，洛河中浮出神龟，背驮《洛书》，献给大禹。大禹依此治水成功，遂划天下为九州。

这只出于洛河的神龟，龟甲之上有此图案：二、四为肩，六、八为足，左三右七，戴九履一，五居中央。纵、横、斜皆合于十五，是为三阶幻方（图 1）。《洛书》，古称龟书，是阴阳五行术数之源。人们因此深信，魔方阵中积蓄着一股神秘的力量。

欧洲的"朱庇特魔方阵"

西方人也同样相信，魔方阵里的神秘力量。欧洲最早的魔方阵，出现在 500 多年前的一幅画中。德国画家丢勒把一个四阶魔方阵，画在了他的铜版画《忧郁 I 》中。在这个 4×4 魔方阵中，每行、每列、

图 1

每条对角线上的数的和都等于 34。

现代的人们，在占卜的时候会特别关注"幸运数"。古代的人们，也是以同一种心情对待魔方阵上的数字、魔方阵上散发的力量吧。

图 2

照片由 Bridgeman Images/Afro 提供

仔细观察这幅《忧郁Ⅰ》的魔方阵，可以发现"1514"这组数字。丢勒把创作年代 1514 年也镶嵌在了这个魔方阵中（详见 11 月科学照相馆）。

正方形和 4 个三角形，
哪一个组合的面积大呢

10月
07日

熊本县熊本市立池上小学
藤本邦昭 老师撰写

阅读日期　　月　日　　月　日　　月　日

4 个三角形的大小

如图 1 所示，正方形的 2 条对角线（连接对角的线段）相交，得到交点（相交的点）O。对角线将正方形分为 4 个三角形。

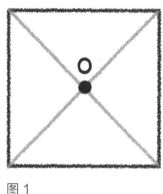

图 1

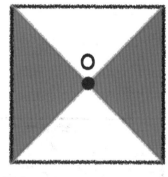

图 2

相对的 2 个三角形视作一组，以红色和白色作为区分。如图 2 所示，每一组三角形的大小（面积）都等于 2 个相等的三角形。因此，红组和白组的大小是相等的。

就在这时，点 O 开始了移动。如图 3 所示，这时候的红组和白组哪一个大呢？它们居然也是一样大的，好神奇。

如图 4 所示，在正方形上画一条竖线和横线，帮助大家解除心中的疑问。哎呀，出现了 4 组一模一样的三角形。

图3   图4

交点 O 在哪里都可以？

如图 5 所示，红组和白组的面积还是相等吗？利用之前的方法，你也可以给出证明哦。

如图 6 所示，当交点 O 移动到正方形的边上时，红组和白组的大小还是相等的吗？画一画，就可以做出判断哦。

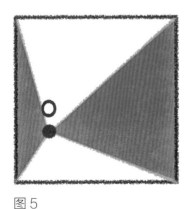

图5

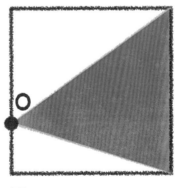

图6

迷你便签

交点 O 在正方形的任意地方，所构成的红组和白组的面积都相等。问题升级，当交点 O 在正方形的外部时，红组和白组的大小会是怎样？

23

自行车齿轮的二三事

岩手县久慈市教育委员会
小森笃老师撰写

阅读日期　　月　日　　月　日　　月　日

后轮齿轮的功能？

自行车后轮的齿轮。小森笃／摄

为什么自行车能够跑起来？因为自行车可以将人们踩动脚踏板的力，转化为车轮转动的力。这种力量传导的方式，会因脚踏板和自行车后轮齿轮的变化而变化。如左侧照片所示，自行车的后轮上一共有6种齿轮。仔细观察，这6种齿轮的大小都不相同。齿轮越大，踩动脚踏板所需要的力气也就越小。在出发或上坡时，会省力许多。

为什么齿轮越大，踩动脚踏板就越省力呢？这与齿轮上轮齿的数量有关。

借助图片思考问题

齿轮A是连接脚踏板的齿轮，齿轮B是后轮上的齿轮。

如图1上所示，脚踏板转1圈，齿轮A也转1圈。因为齿轮A和齿轮B的齿数都是16，所以齿轮B也转1圈。

如图1下所示，齿轮C的齿数是32。想要让齿轮C转1圈的话，需要齿轮A转2圈。

图 1

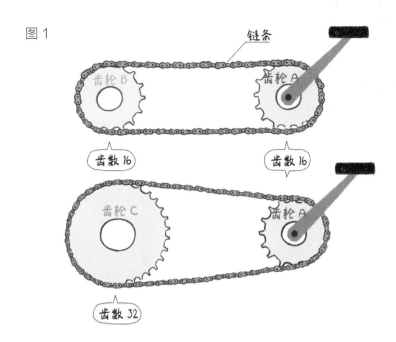

链条

齿轮 B

齿轮 A

齿数 16

齿数 16

齿轮 C

齿轮 A

齿数 32

如图 2 所示，这是更为详细的示意图。当脚踏板转 1 圈时，齿轮 C 的轮胎只转了半圈，需要的力气也只有一半，所以我们会很省力。同时，作为省力的代价，如果想要骑得快，就必须拼命让脚踏板飞快转起来。

图 2

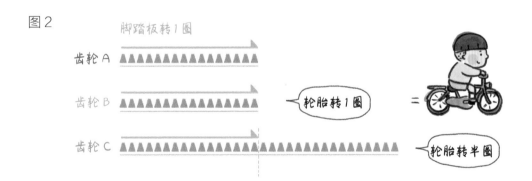

脚踏板转 1 圈

齿轮 A

齿轮 B

轮胎转 1 圈

=

齿轮 C

轮胎转半圈

迷你便签

齿轮 A 转动 1 圈时，求齿轮 B 转动的圈数，这个数值就是"齿轮比"。

古代的九九乘法表

青森县三户町立三户小学

种市芳丈老师撰写

从中国传来的九九

"一一得一、一二得二……九九八十一。"当我们背诵起九九乘法表，总是按照这样的顺序。明明从"一一得一"开始，口诀的名称为什么会叫作"九九乘法表"呢？

其实在古代，口诀是倒过来背诵的，"九九八十一、八九七十二……一一得一"。所以，人们就把它称为"九九乘法表"。

比如，在中国敦煌发现的古"九九术残木简"上，就是从"九九八十一"开始的。如下图所示，在日本平安时代的《口游》一书中，

东北大学附属图书馆（和算资料数据库）/ 提供

也记载了是从"九九八十一"开始。这也可以证明，日本的九九乘法表源自中国。

明白了，古人的智慧

　　不管是在中国流行的九九乘法表，还是《口游》中的九九乘法表，如下图所示，口诀都是45项。而在日本，学生学习的九九乘法表，81组积的口诀都需要背诵。9×9有81组积，因为乘法表里包含乘法的可交换性，有了"八九七十二"，其实就不需要"九八七十二"了。45项口诀的背诵，事半功倍，古人的智慧是有道理的。

　　"九九"之名，既是中国与日本联系的证明，也是古人智慧流转的阐释。

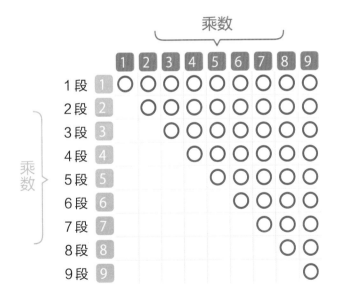

　　在中国，通常背诵的九九乘法表只到9×9，称为"小九九"（81组积，45项口诀）。在日本，人们把《口游》中的"小九九"称为"半九九"，把81组积、81项口诀的九九乘法表称为"总九九"。在印度，九九乘法表要背诵到19×19，称为"大九九"。

眼睛会骗人？
神奇的视错觉图

大分县大分市立大在西小学
二宫孝明老师撰写

阅读日期✐　　月　日　　月　日　　月　日

比一比上下和左右

视错觉，是当人观察物体时，基于经验主义或不当的参照形成的错误的判断和感知。我们日常生活中，有不少利用错视的例子，今天来给大家介绍几幅视错觉图。

图1

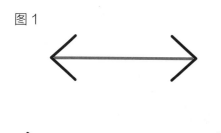

上下2条蓝线，哪一条更长？

图2

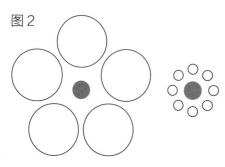

左右2颗红点，哪一颗更大？

如图1所示，上下并列着2条蓝线，线段两端都有小箭头。比一比上下2条蓝线的长度，谁更长呢？

乍一看上去，下边的蓝线更长。先别急着下定论，我们再用尺子量一量。上下的2条蓝线居然长度相等。

如图2所示，左右并排着2颗红点，红点周围都有若干个白圈围绕着。比一比左右2颗红点的大小，谁更大呢？

乍一看上去，右边的红点更大。而实际上，它们的大小是相等的。是什么让这些长度相等或大小相等的事物，看上去并非如此呢？

看一看不可能图形

如图 3 所示，这个三角形长得有些奇怪。当我们尝试用手遮住其中任意一角，三角形上并没有神奇之处。而把手拿开时，在上在下？在外在里？不少小伙伴可能就糊涂了。

一些比较经典的"视错觉图"，是来自古人的智慧。有很多科学家、数学家、艺术家致力于视错觉图的研究，并作出更多的视错觉图。

图3

这种神奇的三角形被称为"彭罗斯三角形"。

图 1：缪勒－莱尔错觉；图 2：艾宾浩斯错觉；图 3：彭罗斯三角形。1934 年，瑞典艺术家雷乌特斯瓦德创作了"彭罗斯三角形"。1958 年，这个不可能图形被数学家彭罗斯推广开来。

29

2 生活中的数学

分享5块饼干——
除不尽的时候

神奈川县川崎市立土桥小学

山本直老师撰写

10月 **11** 日

阅读日期　　月　日　　月　日　　月　日

把5块饼干分给2个人

今天要讲的数学题目，它的背景来自一个日本传统的民间故事。

妈妈烤了5块饼干。她对哥哥和妹妹说："哥哥食量大，分到$\frac{1}{2}$。妹妹食量小，分到$\frac{1}{3}$。但是，不管怎么分都不能把饼干弄碎。"这道题目的难点是，5块饼干既不能被3，也不能被2整除。不把饼干弄碎，应该怎么分呢？

有借有还的饼干

已知，$\frac{1}{2}$等于$\frac{3}{6}$，$\frac{1}{3}$等于$\frac{2}{6}$。因此，如果妈妈烤了6块饼干的话，就很容易分给兄妹俩了。这时候，哥哥想出了一个办法。

哥哥脑筋一转："我们向邻居阿姨借1块饼干吧，这样我们就有6块饼干了！"

妹妹有点担心："但是妈妈让我们分的饼干是5块，这样会不会不太好啊。"

哥哥信誓旦旦："如果饼干有 6 块的话，我分到 $\frac{1}{2}$，也就是 3 块。你分到 $\frac{1}{3}$，也就是 2 块。一共 5 块饼干，剩下的 1 块我们可以马上还给邻居阿姨呀！"

妹妹开心极了："这样的话，我们一起分享的就是 5 块饼干，太好了。"

大家觉得这个故事怎么样（见 11 月 22 日）？

其他数字也可以吗?

这种方法，并不适用于所有题目。2 个分数相加得 $\frac{5}{6}$，分子比分母小 1，因此才能有"借 1 还 1"的方法。如右所示，饼干又应该如何分呢？解题关键是，把分数的分母统一为 12。认真想一想吧（A 是 $\frac{1}{2}$，B 是 $\frac{1}{4}$，C 是 $\frac{1}{6}$）。

请将 11 块饼干分给 3 个人。

小 A 分到 $\frac{1}{2}$，小 B 分到 $\frac{1}{4}$，小 C 分到 $\frac{1}{6}$。

大家应该如何分享？

迷你便签

把 5 块饼干分成 2 块和 3 块，也可以说把 5 块饼干按照 2：3 的比进行分配。比和比例都是小学高年级学习的内容。

挑战！100 个连续数字的加法

福冈县田川郡川崎町立川崎小学

高濑大辅 老师撰写

有没有简单的方法？

"请进行 100 个连续数字的加法！"听到这样的话，会感到兴奋的小伙伴还是少数的吧。更多的同学可能会觉得"好麻烦。"100 个连续数字的加法，有没有简单计算的方法呢？

当我们面对复杂问题的时候，可以从小、从简单的地方开始思考，这样有助于解决问题，发现规律。在着手"100 个连续数字的加法"之前，我们可以先从"10 个连续数字的加法"出发，找到解题的关键。

$1 + 2 + 3 + 4 + 5 + 6 + 7 + 8 + 9 + 10 = 55$

再来算算其他 10 个连续数字之和。

$2 + 3 + 4 + 5 + 6 + 7 + 8 + 9 + 10 + 11 = 65$

$3 + 4 + 5 + 6 + 7 + 8 + 9 + 10 + 11 + 12 = 75$

$4 + 5 + 6 + 7 + 8 + 9 + 10 + 11 + 12 + 13 = 85$

发现规律了吗？和的个位数都是 5。再来试试大一些的一组数。

$8 + 9 + 10 + 11 + 12 + 13 + 14 + 15 + 16 + 17 = 125$

如图 1 所示，把算式转化为图形来思考。

如图 2 所示，想要把图 1 填成平原的话，就是以 12 号小山为基

例) 8+9+10+11+12+13+14+15+16+17=125

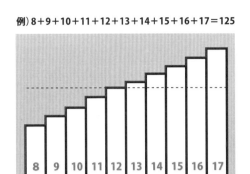

图1

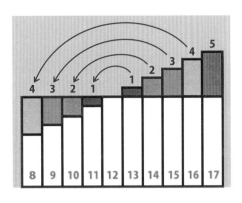

图2

准，形成 10 座高度为 12 的小山。最后，剩下的 17 号小山以 12 号为基准，高度达到 5。

即，120×10 + 5 = 125。

因此，一组中的第 5 个数字就是十位数和百位数。

如图 3 所示，终于到了挑战 100 个连续数字加法的时刻。我相信，已经获知规律的大伙儿肯定没问题！挑战开始！（答案见"迷你便签"）。

图3

1+2+3+…+49+50+51+…+98+99+100＝？

迷你便签

在 1-100 这 100 个数字中，50 是第 50 个数字。在一片平原上，形成 100 座高度为 50 的小山，最后 100 号小山以 50 号小山为基准，高度达到 50。即，50×100 + 50 = 5050。你明白了吗？

我们身边的 "升"

东京都杉并区立高井户第三小学
吉田映子老师撰写

在家里找一找

　　我们身边有许多的 "升"，其中有熟悉的 L（升）、mL（毫升），也有少见的 dL（分升）、cL（厘升）。

　　今天，我们就在家里找一找 "L" 吧。

冰箱里找到很多哦。

· 盒装牛奶 1L。

· 瓶装水 2L。

· 瓶装茶饮料 1L。

在洗衣机附近找一找。

· 洗衣液 1L。

我们还发现了许多使用 mL 的饮料、化妆水等。

不是液体也可以

L 和 mL 等都是容积单位。在生活中，常用来计量饮料、洗衣液等液体的容量。当然，它们并不是只能和液体绑定在一起。许多不是液体的东西上，也有 L 和 mL 的身影。

一些便利店使用的大垃圾袋上，会标注 20L 或 45L 的字样。形容冰箱的大小规格用的也是 L。旅行时，我们用的帆布包和行李箱，它们的大小也是用 L 标注。

这些生动的例子，让我们知道了 L 和 mL 能够表示的除了液体，还有许多。作为容积单位，它们告诉人们各种容器所能容纳物体的体积。

在气体、土地等方面，有时也会出现 L。感兴趣的话，大家可以去找一找。

迷你便签　在生活中并不多见的 dL，常用来描述种子和大豆的体积。同时，在医疗领域也有它的身影。

再加 1 个面，就是<u>正方体</u>吗

学习院小学部
大泽隆之老师撰写

10月
14日

阅读日期 　　月　日　　月　日　　月　日

缺的面在哪里？

如图 1 所示，把它组成立体图形的话，会是什么形状？没错，就是正方体。等等，更确切地说，应该是缺了 1 个面的正方体。这个正方体没有盖子。

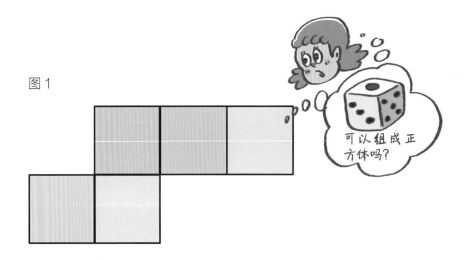

图 1

可以组成正方体吗？

这个问题很好解决啊，再加上 1 个正方形，就是一个完整的正方体了。那么，这个正方形应该加在图 1 的什么位置呢？大家可以在脑海中组合一番。

首先，确定好正方体的底面，做一个标记。然后，旁边的正方形纷纷立起来，向着正方体迈进。明白了吗？变成了图 2 的样子。

根据立体图形，再回到最初的图 1，从中找出可以添加正方形的位置。如图 3 所示，只要在 ⊠ 处增加 1 个正方形，正方体就可以组成了。添加的位置不止 1 处，一共有 4 处。

图 2

图 3

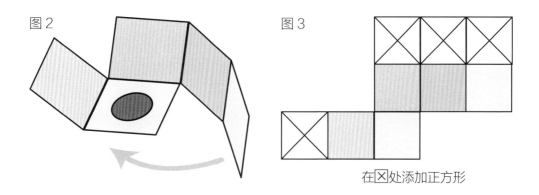

在⊠处添加正方形

验证你的想法

那么，下面这个图形要怎样才能组成正方体呢？可以添加正方形的位置，又有多少处呢？大家在脑海中想出方法之后，再拿出纸来剪一剪，组一组，确认一下。

给没有盖子的正方体添上盖子，可以增加正方形的位置有 4 处。

计算中的数学

调换数字位置，
答案不变吗

10月
15日

熊本县熊本市立池上小学

藤本邦昭 老师撰写

阅读日期　月　日　月　日　月　日

进行乘法笔算

准备好纸和铅笔，我们来进行两位数的乘法笔算。

12×42 等于多少？积是 504。

如图 2 所示，如果把 2 个乘数的个位数和十位数都进行调换的话……

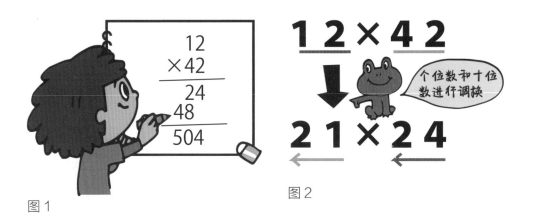

图 1

图 2

经过计算，答案居然一点都没变呀（图 3）。这难道是巧合？

那么，我们再来试一试 36×21 和 63×12 吧（图 4）。把 2 次的笔算都写出来。

图 3

图 4

发现秘密了吗？

一次是偶然，两次是巧合，三次就是……这里面，一定有什么秘密等待着我们的发掘。

快来找一找，还有哪些两位数经过个位数和十位数的调换，积没有变化？答案见"迷你便签"。

迷你便签

$24 \times 84 = 42 \times 48$，$23 \times 64 = 32 \times 46$……这些两位数相乘而相等的式子都具有这样的性质：在 $AB \times CD$ 中，$A \times C = B \times D$。

第 16 个数字很古怪

筑波大学附属小学
盛山隆雄老师撰写

阅读日期 🖊 　月　日　　月　日　　月　日

第 16 个数是什么？

今天，我们来玩一个数字接龙游戏。首先，选择 1 个一位数。比如，我们选择了 3。然后，再选 1 个一位数，我们选了 5。

第 3 个数等于前 2 个数之和，即 3 + 5 = 8。前 3 个数是：3、5、8。第 4 个数等于 5 + 8 = 13。本来第 4 个数应该是 13，但在接龙游戏中只取个位数，因此第 4 个数是 3。前 4 个数是：3、5、8、3。第 5 个数等于 8 + 3 = 11，取个位数 1，因此第 5 个数是 1。

以此类推，将数字一个个接下去。

那么，到了第 16 个数时，它是什么？

以（3、5）开始的数字接龙，第 16 个数是 1。如果把数字 5 改成其他的数，第 16 个数依旧是 1。我们再来看看以 4、5 开始的数字接龙吧。

3 5 8 3 1 4 5 9 4 3
7 0 7 7 4 1

数字接龙里有什么秘密？

第 1 个数和第 16 个数有着某种千丝万缕的关系。如右所示，这是第 1 个数（1-9）对应的第 16 个数。发现什么规律了吗？

1⇒7
2⇒4
3⇒1
4⇒8
5⇒5
6⇒2
7⇒9
8⇒6
9⇒3

以 4 开始的接龙
4 7 1 8 9 7 6 3 9 2
1 3 4 7 1 8

以 5 开始的接龙
5 1 6 7 3 0 3 3 6 9
5 4 9 3 2 5

其实，第 16 个数就等于第 1 个数乘以 7 的积的个位数。你能参透其中古怪的原因吗？

游戏中的数学

直线长起来，游戏玩起来

10月 17日

学习院小学部

大泽隆之老师撰写

阅读日期 　月　日　月　日　月　日

用直线把小猫和松鼠围起来

图1

用直线画一画

图2

将2点用直线连起来，把小动物们圈在直线里面（图1、图2）。

如图3所示，小猫被一个四边形圈起来了。那么，松鼠围好了吗？哎呀，它的大尾巴让我们遇到点问题了。

下方的2点，可以简单地连起来。但是，如果连接上方的2点，就碰到了松树的大尾巴，不能够把它圈住。有人假设，让上方的直线从松鼠尾巴的背面通过。貌似将这道平面题做成了立体题，也算是一个办法吧。在平面上，也有简单的方法。

直线长一长，游戏玩一玩

游戏的关键是，"连接2点的直线，不会在点的地方停下，直线会继续生长。"

如图4所示，让直线长起来，直线与直线交汇之后，把小猫和松鼠都圈进去了。小动物们都被三角形围起来了。

图3   图4

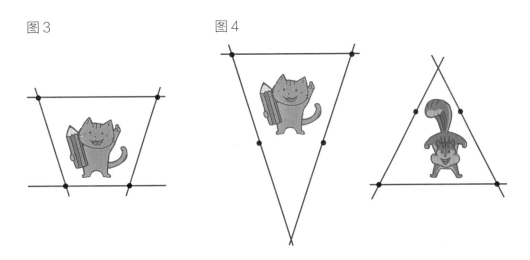

在游戏中，我们需要破除思维定势。将2点用直线连起来时，点不一定是图形的顶点。可以画出四边形，也可以画出三角形。

猜一猜小朋友的站位

10月
18日

熊本县熊本市立池上小学

藤本邦昭老师撰写

阅读日期　　月　日　　月　日　　月　日

排列顺序的表达

如下图所示，5 个小朋友排排站。现在，我们来描述一下他们的站位。

· 一共有 5 人排成一队。

· 小 A 站在最前面。

· 小 B 的背后就是小 C。

· 小 B 和小 E 之间有 2 个人。

· 小 D 不是最后面的人。

我们可以这样描述他们的站位。

A　　B　　C　　D　　E

44

通过描述来解答

现在，5 个小朋友的站位发生了变化。

同样，我们来描述一下他们的位置。然后，请大家对每个人的站位作出判断。

【问题】

· 小 E 不是最前面的人。

· 小 C 的背后就是小 A。

· 小 D 和小 E 之间有 2 个人。

· 小 E 的背后就是小 B。

怎么样？

1. CA 和 EB

2. D ○○ EB
   或
   ○ EB ○ D

3. 没有 CA 紧挨在一起的位置。

4. D ○○ EB
   CA 可以站在这里。

当一种描述，诞生出若干种可能的情况时，会觉得有点难度。

此时，可以借助作图，依次画出可能的情况，就可以把描述转化为更有效的信息了（答案见"迷你便签"）。

接下来，对判断方式做一个说明。

首先，把紧挨在一起的 2 个人画出来，2 人从前往后的组合分别是 CA 和 EB。

然后，根据"小 D 和小 E 之间有 2 个人"，可作出 2 种判断。假设小 D 在小 E 前面，从前往后的排列顺序是 D ○○ EB。

假设小 D 在小 E 的后面，从前往后的排列顺序是 EB ○ D。这时候，仅紧挨在一起的 CA 就没有位置了。

此外，因为小 E 不是最前面的人，EB ○ D ○ 也是不可能的。

（答案）你应该判断出来了吧？从前往后的排列顺序是 D → C → A → E → B。

45

最常用的数是什么呢

御茶水女子大学附属小学
冈田纮子老师撰写

阅读日期 月 日 月 日 月 日

在报纸上调查

在新闻报道中，总会出现各种各样的数（图1）。就算仅仅翻开某一版的报纸，也可以找到许多首位是1的数。

图1

找一找数字！

8月11日东京外汇市场上购入日元的操作占优，日元汇率持续向高值圈推移。进入午盘，在日元汇率高位震荡运行的背景下，14时日元汇率为1美元兑123日元73 – 76钱，比10日17时下降38钱，日元汇价升高、美元汇价降低。14时以后，日元汇率维持在1美元兑123日元66钱附近。日经股指仍维持跌势，下跌超过200钱，持续在低值圈推移。

用其他来调查

在报纸上，我们可以很轻松地找到首位数字是1的数。当我们翻看手中的这本书时，书中自然也是出现了许许多多的数。经过调查，首位数字是1的数也是最多的。首位数字是1-9的数的出现概率，简单来思考的话，各是1/9，即11%。但实际上，首位数字是1的数的出现概率将近30%，首位数字是2的数则是近18%。也就是说，我们日常生活中遇到的数，约有一半的首位数是1或2。

人们将这一有趣的现象，通过数学证明为"本福德定律"。本福德定律表明，一堆从实际生活得出的数据中，以 1 为首位数字的数的出现概率约为总数的三成。越大的数，以它为首位数字出现的概率就越低（图 2）。

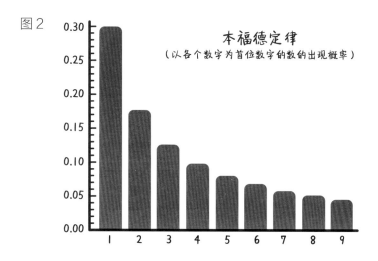

图 2

本福德定律
（以各个数字为首位数字的数的出现概率）

除了报纸和这本书，我们的调查范围还可以继续扩大。是不是有许多首位数字是 1 的数，大家可以得出自己的结论。

迷你便签

如果发现首位数字不是 1 的数的出现概率高于正常水平，可能是人为对数据进行了处理。因此，本福德定律可以用于检查各种数据是否有造假。

时间的双重含义

学习院小学部
大泽隆之 老师撰写

阅读日期 ✐　月　日　月　日　月　日

时间的两个概念

"出发的时间是几点？"

在这句话中，时间指的是一个时间点，还是一个时间段？

时间是一个较为抽象的概念，是物质运动变化的持续性、顺序性的表现。时间概念包含"时刻"和"时段"两个概念。

时刻，是时间轴上对应的一个点。时段，是两个时刻之间的时间间隔，在时间轴上对应的是一段。因此，人们将时间称之为事件过程长短和发生顺序的度量。

"出发的时间是几点？"这句话中的时间，指的是一个时间点，也就是时刻。

日本的"时间"和"时刻"

在日本，"时刻"和"时间"是含义不同的词语。"时刻"表示的是时间轴上对应的一个点。"时间"表示时段，是两个时刻之间的时间间隔。

但日本区分"时刻""时间"的历史并不长久。从 1955 年（昭和 30 年）开始，小学的教材中才开始做区分。

不过，在商店里出售的时间表还是老样子。明治、大正、昭和时代，使用的依旧是"汽车时间表"。第二次世界大战后到 1975 年（昭和 50 年），同时使用"时刻表""时间表"两种说法。平成时代以来，日本对"时刻""时间"做出了严格的区分。

"时辰"是时刻还是时段？

在奈良时代，用十二地支表示的十二时辰制，这种时制也是从中国传到日本。古代的时辰合现在的 2 小时，可以说是介于时刻和时段之间。

比如：子时，指的是夜半二十三点至次日一点。

好困啊，已经是子时了啊……

好困啊，已经是子时了啊……

英语中的 time 和时间一样，有着时刻和时段的双重含义。"What time is it now?"的 time 是时刻，"a long time"的 time 是时段。

如果世界上只有 **3** 个数字
——三进制

熊本县熊本市立池上小学
藤本邦昭老师撰写

世界上有多少个数字？

图 1

0

1

2

我们使用的数字一共有多少个？1 亿个？无数个？都不对哦，其实，只有 10 个。

数有无穷无尽，而"数字"却只有"0、1、2、3、4、5、6、7、8、9"这 10 个。

使用 10 个数字，能上天入地，小的数、大的数，描述不在话下。

只有"0、1、2"的话？

如果世界上只有"0、1、2"这 3 个数字，会变得怎样？

我们来做一个小碟子和糖果的实验。

如图 1 所示，0 颗、1 颗、2 颗糖果的数量表达，与现在并无差别。

不过，形容比 2 颗多 1 颗的时候，应该用什么数来表示？

我们的世界，有数字"3"，所以可以表达为 3 颗。但是在那个世界，并没有这个数字。

因为小碟子里最多只能装 2 颗糖果，所以这时需要进一位，表示为"10"颗糖果（图 2）。

增加 1 颗糖，表示为"11"颗糖果（图 3）；再增加 1 颗糖，表示为"12"颗糖果（图 4）。

如果在那个世界（只有 3 个数字的世界）有"100"颗糖果。那么，在我们的世界（有 10 个数字的世界）中，对应的是多少颗糖果？答案见"迷你便签"。

图 2

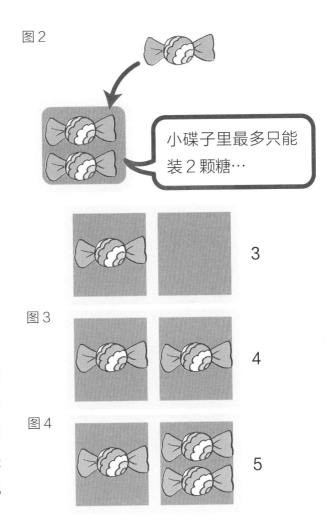

图 3

图 4

"100"颗糖等于 3 颗 + 3 颗 + 3 颗。在我们的世界中，就是 9 颗糖果。

遇上诸侯巡游就麻烦了

10月 22日

高知大学教育学部附属小学
高桥真老师撰写

阅读日期　　月　日　　月　日　　月　日

2000人的大巡游

在江户时代，当时统治日本的德川幕府规定，诸侯每隔一年必须往返领地和江户（现东京）之间一次。诸侯携仪仗出行，会有许多家臣跟随。随着一声声"回避……行礼……"，"诸侯巡游"的队伍，从各地向江户汇集。据说，通过长途跋涉来虚耗诸侯的财力也是幕府的用意所在。

"诸侯巡游"队伍的人数，取决于领地每年大米的收成。以加贺藩为例，当时领有加贺国、能登国、越中国的大半（现石川县）为领土，每年大米收成为 103 万石。由此规定，加贺藩诸侯必须携带 2000 家臣进京述职。如果我们遇上这支诸侯巡游的队伍，要等上多久啊？

巡游队伍长 1.5 千米？！

首先，我们来求巡游队伍的长度。2000 人的队伍如果排成 2 列，每列就是 1000 人。武士均佩刀而行，因此每人之间的距离应该保持 1 米以上。1 米 × 1000 人 = 1000 米 = 1 千米。

队伍还不止 1 千米。家臣们根据各自的职责，还需要携带弓箭、长枪、火枪等武器，主君使用的餐具、澡盆等用品。他们托着主君乘坐的轿子向前行进，前后还有许多驮着行李的马匹。把这些因素都考虑进去，说这支巡游队伍有 1.5 千米一点都不夸张吧。

然后，我们来求巡游队伍的行进速度。从加贺藩藩主的居城出发，金泽城到江户的距离约为 480 千米。已知需要花上 12-13 天的时间，480 千米 ÷ 12 天 = 40 千米，可知一天大概行进 40 千米（40000 米）。假设 1 天步行 10 小时，40000 米 ÷ 10 小时 = 4000 米，步行速度为每小时行进 4000 米（4 千米）。

想一想

巡游队伍通过的时间

现在，我们终于要来求巡游队伍的通过时间了。因为每小时行进 4000 米，计算 4000 米 ÷ 60 分，所以每分钟步行约 67 米。队伍长度为 1500 米，1500 ÷ 67 = 22.399059，巡游队伍通过时间约为 22 分钟。对于道路两旁的百姓来说，遇到诸侯巡游队伍，应该会觉得挺麻烦的吧。

迷你便签

这种要求诸侯每隔一年到中央述职的制度，叫作"参勤交代"制度。

买东西我内行！
找零的问题

青森县三户町立三户小学
种市芳丈老师撰写

现实生活的购物

话不多说，开始我们的问题吧。

【问题1】

> 带着3枚100日元去买东西。买了1个80日元的苹果和1个90日元的卷心菜。那么找零是多少钱？

图1

价格170日元

这枚100日元硬币用不着拿出去！

300 － 170 = 130，所以找回的钱是130日元。在数学上貌似是这样的算式，请回归到现实生活，再想一想。当我们购买的东西价格是80 + 90 = 170时，就会直接给对方200日元。200 － 170 = 30。所以实际上的找零是30日元（图1）。

考虑硬币的数量

【问题2】

> 商品的总价是 260 日元。钱包里分别有 1 枚 500 日元、1 枚 50 日元、2 枚 10 日元的硬币。那么找零是多少钱？

500 − 260 = 240，这样的答案可能是最先冒出来的。但再一想，钱包里将会是一堆硬币了。240 日元的找零，是 2 枚 100 日元、4 枚 10 日元的硬币，一共是 6 枚。加上钱包里原有的 1 枚 50 日元、2 枚 10 日元，一共就有 9 枚硬币。比最开始的 4 枚硬币还要多上许多。

那么，我们给出 560 日元，再找回 300 日元怎么样？此时钱包里除了 3 枚 100 日元，加上原有的 1 枚 10 日元，一共就有 4 枚硬币。与最开始的硬币数量相同。

图2

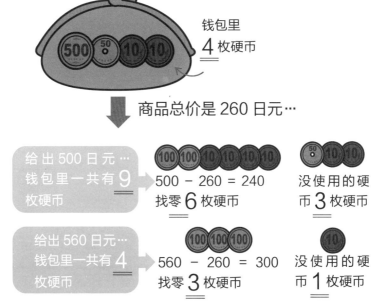

因此，在实际生活中，人们找回的零钱是 300 日元（图 2）。

在用现金购物的时候，大家可以思考一下，怎样花钱能让硬币变少。

正方体的一个顶点 到另一个顶点

10月 24日

学习院小学部
大泽隆之老师撰写

阅读日期 月 日 月 日 月 日

红线蓝线哪条短？

图1

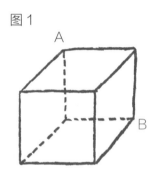

图2

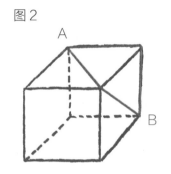

图3

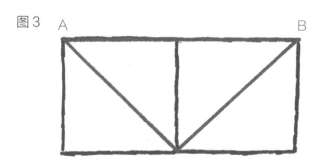

由 6 个完全相同的正方形围成的立体图形，叫作"正方体"。如图 1 所示，从正方体的顶点 A 到顶点 B，如何画出最短的线路？

如图 2 所示，红线是正方体的面对角线（连接对角的线段）。红线貌似是一条近路，还有更短的路线吗？

有的。从顶点 A 出发，直接沿着 2 条棱到达顶点 B，蓝线的路线更短。如图 3 所示，把正方体的 2 个面展开。红线走了弯路，蓝线是一条直线，所以蓝线更短。

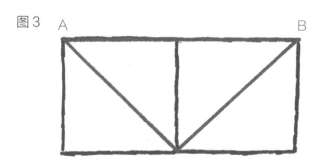

56

还有更短的线吗？

那么，还有更短的路线吗？让正方体朝我们转过来一点，就发现了。如图 4 所示，在正方体的背面还有一条绿线。如图 5 所示，把正方体的 3 个面展开，马上就能发现是绿线最短。

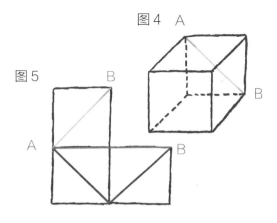

图4

图5

顶点 A 到顶点 C 的最短路线？

如图6所示，正面对着我们的红线，看上去抄的是一条近路。先别急着下结论，

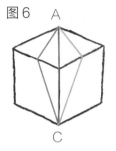

图6

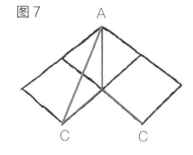

图7

我们再来看看蓝线和绿线。比较的方法，就是展开正方体。如图 7 所示，蓝线是一条直线，红线又走了弯路。绿线在哪里？请你画一画。

迷你便签

在"试一试"中，我们已经找到了最短的线路。真的吗？其实还有一条更短的线路哦。比起在正方体的面上行走，正方体内的直行将更迅速。穿过正方体中间，体对角线就是最短的路线。大家画一画，体会这条体内的线路吧。

找出假币吧

御茶水女子大学附属小学
冈田纮子 老师撰写

10月

25日

阅读日期   月 日   月 日   月 日

一共要称量几次？

手上有 8 枚硬币。其中，有 1 枚假币，它比真币要重一点。请大家使用天平，将这枚假币找出来吧（图1）。

图1

混入了
1枚假币

2次就能发现假币？

首先，将 8 枚硬币分成 3 组，3 枚、3 枚、2 枚。然后，把 3 枚和 3 枚这 2 组放在天平上。如果这时的天平保持平衡，那么假币一定就在剩下的 2 枚硬币之中。把 1 枚和 1 枚放在天平上，重的那枚就是

58

假币（图 2）。

如果最初站上天平的某一组 3 枚硬币出现了倾斜，那么假币就在这 3 枚硬币之中。在 3 枚硬币中选择 2 枚，把 1 枚和 1 枚放在天平上。如果天平保持平衡，假币就是剩下的那枚；如果天平倾斜，重的那枚就是假币。因此，称量 2 次就能发现假币（图 3）。

图 2

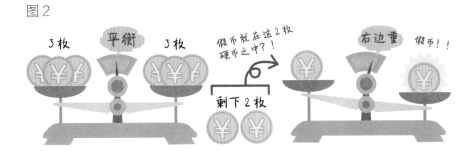

图 3

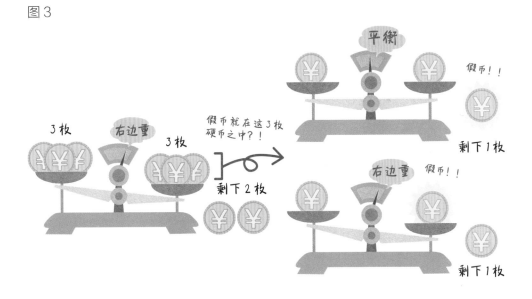

如果 12 枚硬币中藏着 1 枚假币，需要称量几次能够发现假币？大家可以试一试哦，称量 3 次就能找出假币了。

能被 1-6 整除的整数

10月 26日

青森县三户町立三户小学

种市芳丈 老师撰写

阅读日期　月　日　　月　日　　月　日

答案真的简单嘛

这是一个除法的问题。有一个整数，能被 1-6 的任意数整除。这个整数最小是多少？

图1

$$1 \times 2 \times 3 \times \underline{4} \times 5 \times \underline{6} = 720$$

$$\underset{2\times2}{} \qquad \underset{2\times3}{}$$

$$= 1 \times 2 \times 3 \times (2 \times 2) \times 5 \times (2 \times 3)$$

能被 4 整除…2 个 2
能被 6 整除…1 个 2、1 个 3

$$1 \times 2 \times 3 \times 2 \times 5 = 60$$

很简单！一些小伙伴可能想到了，把 1-6 的数都相乘就可以了。他们的理由是，除法就是乘法的逆运算。

$1 \times 2 \times 3 \times 4 \times 5 \times 6 = 720$。哎呀，这个整数挺大的。因为求的是最小的整数，所以对于 720 还是没有把握，那就先用 720 的一半试试吧。$360 \div 1 = 360$，$360 \div 2 = 180$，$360 \div 3 = 120$，$360 \div 4 = 90$，$360 \div 5 = 72$，$360 \div 6 = 60$。经过验证，360 可以被 1-6 整除。

还有更小的数吗？

再来仔细观察一下 $1 \times 2 \times 3 \times 4 \times 5 \times 6$。其中，4 可以表示为 2×2，6 可以表示为 2×3，算式可以表示为 $1 \times 2 \times 3 \times (2 \times 2) \times 5 \times (2 \times 3)$。这个算式能被 4 整除，需要保证有 2 个 2，能被 6 整除，需要有 1 个 2 和 1 个 3。因此在算式中，多了 2 个 2 和 1 个 3。把算式整理之后，就是我们要求的答案了。

能被 1-6 整除的整数中，最小的整数是，$1 \times 2 \times 3 \times 2 \times 5 = 60$。比想象的还要小一点。

图 2

$1 \times 2 \times 3 \times 2 \times 5 \times 7 \times 2 \times 3 = 2520$

能被 1 整除⋯1 个 1
能被 2 整除⋯1 个 2
能被 3 整除⋯1 个 3
能被 4 整除⋯2 个 2
能被 5 整除⋯1 个 5
能被 6 整除⋯1 个 2、1 个 3
能被 7 整除⋯1 个 7
能被 8 整除⋯3 个 2
能被 9 整除⋯2 个 3
能被 10 整除⋯1 个 2、1 个 5

能被 1-10 整除的最小的数是什么？如图 2 所示，列出所有算式，进行判断吧。（答案是 2520。）

3人加起来是多少岁?
发现规律

神奈川县川崎市立土桥小学

山本直 老师撰写

阅读日期 　　月　日　　月　日　　月　日

把3人的年龄加起来……

小学三年级的小Ａ今年9岁,他有一个12岁的哥哥和一个4岁的妹妹。把3人的年龄加起来,是多少岁? 这个问题一点都不难,只用把3人的年龄加起来就可以了。12 + 9 + 4 = 25,3人加起来是25岁。

3人加起来是100岁?

那么经过多少年之后,兄妹仨人的年龄之和会是100岁? 如下表所示,我们把多年后大家的年龄列出来。3人的年龄之和,1年后是28岁,2年后是31岁,3年后是34岁。我们可以把这个表继续填下去,让年龄之和达到100岁,不过太麻烦了。

	今年	1年后	2年后	3年后	4年后	5年后	6年后	7年后	
哥哥	12	13	14	15	16	17	18	19	
小A	9	10	11	12	13	14	15	16	
妹妹	4	5	6	7	8	9	10	11	
总计	25	28	31	34	37	40	43	46	

还有简单点的方法吗? 我们可以从年龄之和上,找一找增长规律。每过一年,3人的年岁之和就增长3岁。从今年的25岁到100岁,100 − 25 = 75,一共增长了75岁。75 ÷ 3 = 25,25年之后兄妹

三人的年龄之和就到了 100 岁。

我们来验证一下。

25 年之后，哥哥的年纪变成了 12 岁 + 25 岁 = 37 岁，小 A 的年纪变成了 9 岁 + 25 岁 = 34 岁，妹妹的年纪变成了 4 岁 + 25 岁 = 29 岁。37 + 34 + 29 = 100。25 年之后，兄妹三人的年龄之和就等于 100 岁。

年龄之和是 9 岁的话？

小 A 今年 9 岁，当 3 人的年龄之和回到 9 岁的时候，又是多少年前？用相同方法思考，25 − 9 = 16，16 不能被 3 整除……那么年龄之和 9 岁是不存在的吗？从今年回溯到 4 年前的时间段，的确是每年减 3 岁。5 年前妹妹还没有出生，每年就只用减去 2 岁了。6 年之前，兄妹三人的年龄之和是 9 岁。

	今年	1 年前	2 年前	3 年前	4 年前	5 年前	6 年前
哥哥	12	11	10	9	8	7	6
小 A	9	8	7	6	5	4	3
妹妹	4	3	2	1	0	–	–
总计	25	22	19	16	13	11	9

每年减 3 岁 →　　　　　　　　　　↖ 从这里开始每年减 2 岁

通过寻找数字增加或减少的规律，可以让问题化繁为简，有助于我们发现结果。

三角形的内角和是多少呢

熊本县熊本市立池上小学
藤本邦昭老师撰写

阅读日期　　月　日　　月　日　　月　日

没有量角器也能知道

图 1

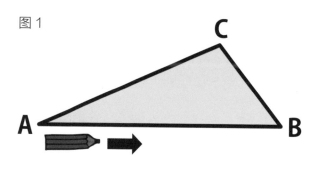

图 2

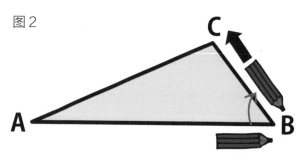

图 3

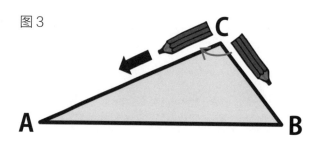

让一支小铅笔沿着三角形 ABC 的边移动。如图 1 所示，小铅笔从顶点 A 开始出发。

首先，让小铅笔从顶点 A 移动到顶点 B。

当笔尖接触到顶点 B 时，让小铅笔顺时针转身，转向顶点 C 移动（图 2）。

当笔尾接触到顶点 C 时，再让小铅笔顺时针转身，转向顶点 A 移动（图 3）。最后，当笔尖接触到顶点 A 时，让小铅笔顺时针再次转身，就回到了出发时的位置（图 4）。

但是很明显，小铅笔

的朝向和出发的时候已经发生了变化。方向正好相反，也就是说转了180度。因此，三角形的内角和是"180度"。

图4

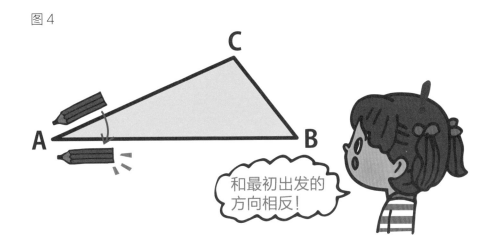

和最初出发的方向相反！

迷你便签

那么四边形又是怎样的情况呢？和三角形一样也是转半圈吗？经过小铅笔的实验，发现它整整转了一圈。因此，四边形的内角和是360度。

计算中的数学

不同的**计算**，
相同的**答案**

10月
29日

神奈川县川崎市立土桥小学

山本直老师撰写

阅读日期　　月　日　　月　日　　月　日

"＝"等号的意思

相等，是数学中最重要的关系之一。当一个数值与另一个数值相等时，用等号"＝"来表示它们之间的关系。如图①算式所示，等号左侧（3×6）与右侧（18）相等。如图②算式所示，等号两侧算式的答案相等。

那么，再来看一看图③的算式。等号两侧的算式中，出现的数字都相同。通常来说，不同的计算会带来不同的答案。但在今天的挑战中，请试着在□中填入＋、－、×、÷符号，让不同的计算，带来相同的答案吧。

① 3 × 6 = 18

② 3 × 6 = 9 × 2

③ 8 □ 2 - 3 = 8 □ 2 □ 3

66

试一试不同的符号

现在左侧算式的□中填入各种符号，并进行计算。填入 + 等于 7，填入 − 等于 3，填入 × 等于 13，填入 ÷ 等于 1。想要左右相等，需要在右侧算式的□中再下功夫。其中，右边的□全部填入 + 的时候，答案也是 13。即，$8 \times 2 - 3 = 8 + 2 + 3$。

填入符号使等式成立

请在□中填入 +、−、×、÷ 符号，让不同的计算，带来相同的答案吧。大家还可以自己出题，和小伙伴一起玩哦。

$$8\,\square\,4\,\square\,1 = 8\,\square\,4\,\square\,1$$
$$10\,\square\,2\,\square\,4 = 10\,\square\,2\,\square\,4$$
$$16\,\square\,8\,\square\,3 = 16\,\square\,8\,\square\,3$$

<答案>

$$8 - 4 - 1 = 8 \div 4 + 1$$
$$10 + 2 + 4 = 10 \times 2 - 4$$
$$16 - 8 - 3 = 16 \div 8 + 3$$

为什么"$6 + 2 + 2 = 6 + 2 \times 2$"能够成立呢？因为根据四则运算规定，运算顺序先"×""÷"，后"+""−"。

御茶水女子大学附属小学
久下谷明 老师撰写

神奇的视错觉

如果把 10 月 10 日的 "10 10" 向右转 90 度，是不是很像一双眉毛和眼睛？因此在日本，把这一天定为 "爱眼日"。你还记得在那一天学习的内容嘛？在 "爱眼日" 谈眼睛会骗人的事，这很有意思。

今天，我们就继续讲一讲关于视错觉的那些事。欢迎来到视错觉的神奇世界。

哪一个更大（长）？

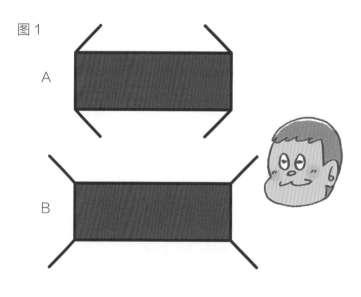

图 1

A

B

眼前是美味的羊羹（图 1）、长崎蛋糕（图 2）和年轮蛋糕（图 3）。每个种类都有 2 块，那么就挑大（长）的来吃吧。

每个种类的 A 和 B 中，比一比尺寸。

图2

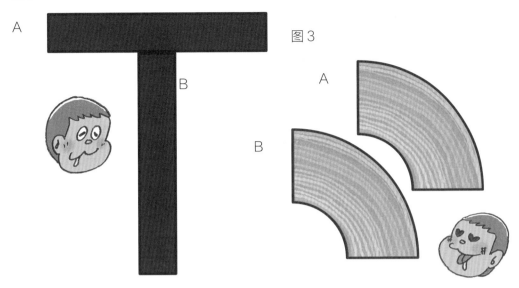

图3

乍一眼看去，你认为哪个更大（长）？

保持你的猜想，然后用尺子来量上一量吧。

答案在这里！

经过尺子的确认，大家都知道A和B的大小是相同的了。不过眼睛确实和我们开了个玩笑，感觉上是B比较大。视错觉真的很有意思。

人们常见的错觉有大小错觉、形状错觉、方位错觉、形重错觉、倾斜错觉、运动错觉和时间错觉等。经典的视错觉图往往会以发现者来命名。图1：韦特·马萨罗错觉；图2：菲克错觉；图3：贾斯特罗错觉。

图表中看到的爆炸信息量

大分县大分市立大在西小学
二宫孝明老师撰写

阅读日期 ✎ 　月　日　　月　日　　月　日

数学家与面包店

嘿嘿嘿嘿

解释

生活中，我们经常看到曲线图、折线图、扇形图、条形图、柱状图等图表。在这些图表中，可以非常清楚地看到数量的大小和变化。下面我们要讲一个利用图表识破诡计的故事。

一家面包店的招牌产品是"1千克面包"。数学家经常来买这款面包，但他怀疑面包其实没有达到规定的重量。于是，数学家将每次购买的面包进行称重，并制作出了一张面包重量图（图1）。

用图表识破骗诡计

面包店每天要烤制许多面包，面包的重量多多少少会有上下的波动，在制作"1千克面包"时也是同样。如图2所示，"1千克面包"的实际重量会像一座小山那样分布。如图3所示，这家面包店出售的面包重量是以 950 克为基准，偷工减料了整整 50 克。

数学家发现了面包店的伎俩，把这张图表拍到了店家的面前。从此以后，数学家买到的面包就都没有缺斤少两了。但他仔细一看面包重量记录表，又发现了店家的猫腻。

如图 4 所示，面包店依旧制作着偷工减料的面包，但是他们会挑出 1 千克及以上的面包，卖给精明的数学家。数学家再一次用图表，发现了面包店的骗局。

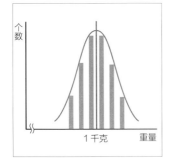

记录每次面包的重量，制作出曲线图。

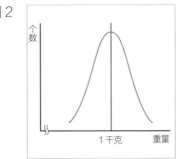

"1 千克面包"重量分布的高峰位于 1 千克。

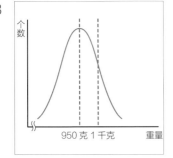

"950 克面包"重量分布的高峰位于 950 克。

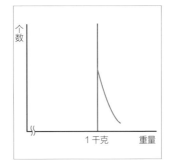

因为只选择 1 千克及以上的面包，所以小山的左边消失了。

这种两头低、中间高、左右对称，像小山又呈钟形的曲线，叫作"正态分布"曲线图。

71